小实验串起科学史（全20册）

从大气压到飞机的发明

路虹剑 / 编著

化学工业出版社

·北京·

图书在版编目（CIP）数据

小实验串起科学史 . 从大气压到飞机的发明 / 路虹剑
编著 . —北京：化学工业出版社，2023.10
ISBN 978-7-122-43908-6

Ⅰ . ①小… Ⅱ . ①路… Ⅲ . ①科学实验 - 青少年读物
Ⅳ . ①N33-49

中国国家版本馆 CIP 数据核字（2023）第 137328 号

责任编辑：龚 娟 肖 冉 　　　　　装帧设计：王 婧
责任校对：宋 夏 　　　　　　　　插 画：关 健

出版发行：化学工业出版社（北京市东城区青年湖南街 13 号 邮政编码 100011）
印 装：盛大（天津）印刷有限公司
710mm×1000mm 1/16 印张 40 字数 400 千字
2024 年 4 月北京第 1 版第 1 次印刷

购书咨询：010-64518888
售后服务：010-64518899
网 址：http://www.cip.com.cn
凡购买本书，如有缺损质量问题，本社销售中心负责调换。

定价：360.00 元（全 20 册） 　　　　　　　　　版权所有 违者必究

作者序

在小小的实验里挖呀挖呀挖，
挖出了一部科学史！

　　一个个小小的科学实验，好比一颗颗科学的火种，实验里奇妙、有趣的科学现象，能在瞬间激起孩子的好奇心和探索欲。但这些小实验并不是这套书的目的和重点，它们只是书中一连串探索的开始。

　　先动手做一个在家里就能完成的科学实验，激发孩子的好奇，自然而然地，孩子会问"为什么"，这时候告诉他这个实验的科学原理，是不是比直接灌输科学知识更能让孩子接受呢？

　　科学原理揭秘了，孩子的思绪就打开了，会继续追问：这是哪位聪明的科学家发现的？他是怎么发现的呢？利用这个科学发现，又有哪些科学发明呢？这些科学发明又有哪些应用呢？这一连串顺

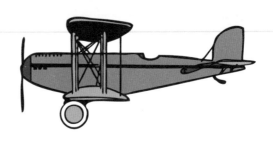

理成章、自然而然的追问，是不是追问出一部小小的科学史？

　　你看《从惯性原理到人造卫星》这一册，先从一个有趣的硬币实验（实验还配有视频）开始，通过实验，能对经典物理学中的惯性有个直观的了解；紧接着通过生活中的一些常见现象来加深对惯性的理解，在大脑中建立起看得见摸得着的物理学概念。

　　接下来，更进一步，会走进科学历史的长河，看看是哪位伟大的科学家首先发现了惯性原理；惯性原理又是如何体现在宇宙中星体的运动里的；是谁第一个设计出来人造卫星，这和惯性有着怎样的关系；我国的第一颗人造卫星是什么时候发射升空的……

　　这套书共有 20 个分册，每一个分册都有一个核心主题，从古代人类文明，到今天的现代科技，内容跨越了几千年的历史，能读到伽利略、牛顿、法拉第、达尔文等超过 50 位伟大科学家的传奇经历，还能了解到火箭、卫星、无线电、抗生素等数十种改变人类进程的伟大发明的故事。

　　这套书涉及多个学科，可以引导孩子在无数的"问号"中深度思考，培养出科学精神、科学思维、科学素养。

目录

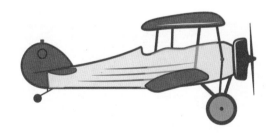

你坐过飞机吗？它是目前世界上最快的交通工具，从北京到上海只需要两个多小时。那么，你有没有想过，重达几十吨到上百吨的飞机为什么能在天上平稳地飞行？是什么帮助它起飞和降落的呢？

飞机的飞行和气压有着密不可分的关系。气压是什么？我们如何能够感受到它？接下来，让我们通过实验来了解一下吧。

飞机的出现改变了人们的出行方式

小实验：喷水气球

在这个实验中，我们通过简单的实验材料来一起感受大气压强。你做好准备了吗？

 实验准备

半盆水、烧杯、矿泉水瓶、气球、插有吸管的瓶盖（吸管和瓶盖之间的缝隙用橡皮泥或热熔胶填满，确保无缝隙）、钉子。

扫码看实验

实验步骤

在矿泉水瓶靠近底部的侧面用钉子扎一个小洞。

将气球塞进瓶子，气球口露出瓶口并翻扣在瓶口外。

向气球里吹气，吹满后用手按住瓶子底部的小洞。

向气球里倒水。

倒满水后，盖上带有吸管的盖子。

最后松开按住小孔的手，吸管会喷出水来。

实验背后的科学原理

吹起气球之后，这时气球能保持形状不变，是因为矿泉水瓶中的空气从小孔里跑出去了，因此气球外部的压强变小了，吹进去的气体挤压气球使它鼓起来。堵住瓶子侧面的小孔，往气球中加满水，用穿了一根吸管的瓶盖盖住，然后松开按住小孔的手，水会喷出，是因为空气从小孔中进入矿泉水瓶，使得瓶子中的气压增大，气球外部受到挤压，水就会喷出。

在这个实验中，其实是空气这只无形的手，对气球产生了压强。我们居住的地球，从太空中来看，是一个蔚蓝色的星球。这个星球的外围被一层厚厚的空气包裹着。空气中有氮气、氧气、二氧化碳等多种气体。人们把这厚厚的空气层称为大气层。

地球表面被一层厚厚的大气层包裹

大气层的厚度约有 1000 千米，差不多是北京和南京两座城市之间的距离。所有被大气包围的物体都要受到大气作用于它的压强，就像浸在水里的物体要受到水的压强一样。

吸不上来的牛奶

牛奶营养丰富，也很美味，是很多人喜爱的饮品。不过在喝牛奶的时候，你有没有遇到过这样的奇怪现象：吸牛奶时，有时候会吸不上来？其实这种现象也跟大气的气压有很大关系。

为什么有时你会感觉牛奶吸不上来？

我们在喝盒装牛奶时，一般会用吸管在封口膜上戳一个小孔再插进盒中，用吸的方式饮用。刚开始我们非常轻松地就能把牛奶吸出来。但是有时我们喝了几口之后，吸牛奶会变得费劲，甚至把牛奶盒吸瘪也吸不上来。而我们用吸管喝杯中的饮料时则不会有这种情况。牛奶为什么会吸不上来呢？

牛奶盒在插入吸管之后，吸管与小孔的接触比较紧密，相当于一个封闭的装置。这样盒外的气体不容易进入盒内。在刚开始的时候，盒内与盒外之间的压强相等，可以吸出牛奶，随着盒内牛奶的减少，大气压无法作用到牛奶上，这时大气压会直接作用在牛奶盒上，通过挤压牛奶盒把牛奶挤出来，牛奶盒就瘪了。等牛奶盒瘪到一定程度可以与大气压力相抗衡时，就吸不出来牛奶了。

把吸管拔出再插进去，就更容易吸到牛奶了

遇到这种情况，我们可以将吸管抽出再插进牛奶盒里，这样盒内进入了气体，内外气压又变得相等，牛奶就又能被吸出来了。

生活中有很多有趣的现象，就像"吸不上来的牛奶"一样，背后隐藏着一定的科学知识或科学原理。透过现象看到本质，我们才能正确认识客观事物。

托里拆利和气压计的发明

地球表面覆盖着大气，但是大气看不到也摸不着，谁第一个发现了它的存在呢？接下来，让我们在历史中寻找答案。

气压是大气作用在单位面积上的压力，国际制单位是帕斯卡，简称帕，符号是 Pa。那么，大气压最早是谁发现的？人类应用大气压又做出了哪些伟大的发明和创造呢？

在 17 世纪宗教和科学之间发生了激烈冲突。一些科学家开始通过观察和实验来揭示大自然是如何运作的，并由此改变了我们认识世界的方式。意大利物理学家埃万杰利斯塔·托里拆利（1608—1647）就是其中一位。

大气压看不见、摸不着，
但的确存在

托里拆利从小就展露出数学家的锋芒，18 岁时成为数学家卡斯德利教授的学生兼秘书，学习数学和物理，而卡斯德利教授正是伽利略的学生。

1632 年初，伽利略出版了《关于托勒密和哥白尼两大世界体系的对话》一书，改变了科学和宗教史的进程。但不到一年，这本书和他所写的一切都被天主教会禁止了。

意大利物理学家埃万杰利斯塔·托里拆利

追求真理的托里拆利
非常支持哥白尼的"日心说"

在这本书被禁之前，23 岁的托里拆利如饥似渴地读了这本书，这本书对他产生了深远的影响。在卡斯德利教授不在的时候，托里拆利回复了伽利略写给卡斯德利教授的一封信。

在信中，托里拆利介绍了自己，并告诉伽利略，他很荣幸地读了他的新书；研究过伟大的古希腊数学家的著作，比如阿基米德的著作；还研究过托勒密和开普勒等人的著作。在信中，托里拆利还表示他同意哥白尼关于太阳系的观点。在当时，支持哥白尼的"日心说"是需要冒着生命危险的。

当然，托里拆利最为人所知的是他用实验证明了大气压的存在。他在 1643 年做了这件事。

为了研究大气压力，托里拆利设计了人类第一个水银气压计。他在一根约1米长一端封闭的玻璃管里装满了水银。接着，他用手封住管口把玻璃管倒过来，将手和管口放入水银池中，然后移开手指，试管中的水银下降到大约76厘米高的位置，并在管的顶部形成真空。

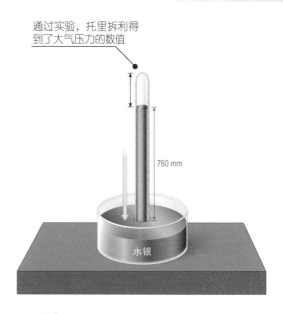

通过实验，托里拆利得到了大气压力的数值

760 mm

水银

托里拆利的经典实验被后人写进了教科书

174

BARR

BARODA

man and also as author of several books—an *Autobiography* (1854), *The Humbugs of the World* (1865), *Struggles and Triumphs* (1869) and *Money-getting* (1883). He died at Bridgeport, Connecticut, April 7, 1891.

Baro'da, a city of Hindostan. It is 250 miles north of Bombay, with which it is connected by railroad. It is the residence of the Gaikwar, a Mahratta prince. It has several Hindu palaces and temples and the court of the state to which it belongs. Its trade is considerable. Baroda is also one of the feudatory or native states in British India (area 8,099 square miles, with a population of 1,972,600). Population of the city, 103,790.

Barom'eter, an instrument for measuring the pressure exerted by the earth's atmosphere. It consists simply of a U-tube, one end of which opens into a vacuum, the other into the earth's atmosphere, the intermediate portion of the tube being filled with a liquid, usually mercury.

To clearly understand the barometer, we must recall that at the beginning of the 17th century the two following facts were supposed to be entirely independent, namely, (1) the fact that "nature abhors a vacuum" and (2) the fact that the air has weight. It was Torricelli (born in 1608, died in 1647), who first showed that "nature abhors a vacuum *because* the air has weight."

(1) MERCURIAL BAROMETER.

He illustrated this by taking a tube, more than 76 centimeters long and closed at one end, which he filled with mercury, as indicated in the figure. Placing his finger over the open end, he inverted the tube in a dish of mercury. The column of mercury fell a short distance, but remained standing in the tube approximately at the height of 76 centimeters above the surface of the mercury in the dish.

Torricelli thus showed that the weight of the earth's atmosphere is approximately that of an ocean of mercury covering the entire earth to the depth of 76 centimeters. But if this be the fact of the case, Torricelli argued that the height of the mercury in the inverted tube should diminish as one ascends in the earth's atmosphere. This test was shortly made by Pascal, who carried the inverted tube to the top of a moun-

tain in France, and found that the mercury fell some seven or eight centimeters in the ascent. Such a dish of mercury and inverted tube is called a *mercurial barometer*. The vertical distance between the two surfaces of mercury, one in the tube, the other in the dish, is called the *height of the barometer* or, sometimes, the *reading of the barometer*. Ordinary barometers are furnished with graduated scales by which this height can be easily read.

In general the height of a barometer depends upon two factors: (1) the height of the atmosphere and (2) the average density of the atmosphere. Anything which changes either one of these will change the reading of the barometer.

Water vapor, when under the same pressure as air, has a density which is less than that of air. If then there be much water vapor in any portion of the earth's atmosphere, its density will be diminished and the mercury column which it supports will become shorter. The barometer is said to fall. But the same thing happens when the *height* of the atmosphere is changed or when its pressure is altered by cyclonic motion. The barometer is *not*, therefore, an instrument for telling whether or not it is about to rain; but for measuring the pressure of the earth's atmosphere. The readings of the barometer are, however, exceedingly useful, *as one factor*, in predicting the weather.

(2) ANEROID BAROMETER.

Since the mercurial barometer is not easily portable, geologists and travelers generally use a smaller form based upon the same principle as the ordinary steam gauge. It consists essentially of a hollow cylinder made of thin sheet-metal and bent into a circular form. After the air has been partially removed from this cylinder it is hermetically sealed. As the pressure of the air outside diminishes, the metallic vessel tends to uncoil from the circular into a straight form. By a system of levers this motion is communicated to an index moving over a dial from which the barometric height can be read. Such an instrument is called an *aneroid barometer*. This is not nearly so reliable as the mercurial barometer; but when it is used with care and frequently compared with a mercurial barometer, it is exceedingly convenient for measuring altitudes. Hough, Hipp and others have invented excellent self-registering barometers.

Baudin of Paris makes a delicate thermometer which by changes of boiling-point of water will indicate differences of altitude as small as 30 feet. Such an instrument is equivalent to a barometer and is called a *hypsometer*.

Barr, Amelia Edith (Huddleston), Anglo-American novelist, was born at Ulverston, Lancashire, England, March 29, 1831, and was educated at the High School at

TORRICELLI'S EXPERIMENT

the inverted tube to the top of a moun-

　　根据他的实验结果，托里拆利得出结论，76 厘米高的水银柱所产生的向下的压力，等于地球大气层向下的压力。

　　托里拆利是正确的，用现代的术语来说，我们可以在海平面上测量到的地球大气压力的标准值约是 1.03 千克力每平方厘米，约合 101 千帕，这和托里拆利所得出的实验结论是一致的。

　　更为重要的是，托里拆利的实验不光证明了大气压的存在，托里拆利还据此成功设计出了气压计，这为以后科学的发展奠定了基础。

托里拆利的雕像：他拿着
测量大气压的实验用具

为什么气压的单位是帕斯卡?

为什么气压的单位是帕呢?这里不得不提到另外一位重要的科学家布莱斯·帕斯卡。

布莱斯·帕斯卡(1623—1662)是法国著名的数学家、物理学家、哲学家、散文家。据记载,帕斯卡很小时就精通欧几里得几何,12岁便独自发现了"三角形的内角和等于180度"。

法国著名科学家
布莱斯·帕斯卡

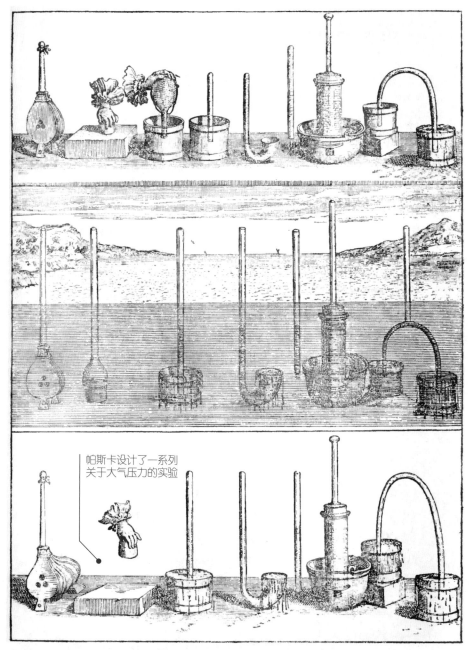

帕斯卡设计了一系列
关于大气压力的实验

  1642 年到 1644 年间，帕斯卡在帮助父亲做税务计算工作时，发明了加法器，这是世界上最早的机械计算器。

  1647 年，帕斯卡根据托里拆利的大气压理论，进行了大量的实验，轰动了巴黎的科学界。

随后，他发表了有关真空的论文，设计并进行了对同一地区不同高度大气压强测量的实验，发现了随着高度降低，大气压强增大的规律。

在几年时间里，帕斯卡在实验中不断取得新发现，这些试验为进一步研究流体力学铺平了道路。帕斯卡还有多项重大发明，如发明了注射器、水压机等，并且改进了托里拆利的水银气压计。

而关于真空问题的研究和著作，更加提高了帕斯卡的声望。在他逝世后，人们为了纪念他，就用他的名字来命名了压强单位。

在山区测量气压的实验人员

八匹马拉不开一个球

托里拆利通过实验证实了大气压的存在，并创造了测量大气压力的方法，但是在那个时期，人们不相信有大气压，更不能理解真空的存在。随后，在 1654 年，德国马德堡市的市长奥托·冯·格里克通过实验证明了真空的存在，这个实验被称为马德堡半球实验。

奥托·冯·格里克不仅是一位政治家，还酷爱科学，甚至他在政府担任市长一职时，也一直保持对科学极大的热情。格里克的实验其实受到了托里拆利实验的启发。

热爱科学的市长
奥托·冯·格里克

在实验之前，格里克改进了活塞式真空泵，为实验的顺利进行创造了条件。实验那天，格里克和助手将两个直径约 37 厘米的黄铜半球壳对接在一起并抽出空气，由于外面大气压的存在，两个半球被紧紧地压在一起。紧接着 4 个马夫扬鞭催马，8 匹大马分两边使尽力气拉动这两个半球，但惊奇的事情发生了，这两个半球竟然没有被拉开，在场的所有人都惊呆了。

最后，在 8 个马夫鞭策 16 匹马的拉动下，这两个半球才"啪"的一声分开了。这就是著名的马德堡半球实验。

描述马德堡半球
实验的绘画

发明高压锅的
法国科学家丹尼斯·帕潘

通过马德堡半球实验，人们开始相信有真
空、大气的存在，并且意识到大气的压力
是不容小觑的。

随着对大气压研究的深入，人类
开始利用气压原理进行各种发明创
造。例如 1679 年，法国科学家丹
尼斯·帕潘利用压力原理，发明了
带有安全阀的高压锅（当时也被叫
作"帕潘煮锅"）。据说当他发明了
压力锅后，还用此锅为英国皇家学会
烹饪了美食，得到了学会成员们的好评。
除此之外，帕潘的另一个著名发明是离心泵。

小实验：瓶吞鸡蛋

你想看到鸡蛋自己钻到瓶子里吗？在接下来的小实验里，我们将会利用气压的变化来实现这个过程。

实验准备

锥形瓶、剥了壳的熟鸡蛋、打火机和三支小蜡烛。

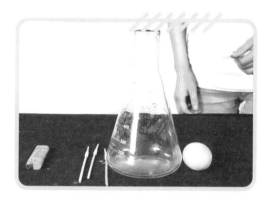

扫码看实验

实验步骤

将三支小蜡烛插在鸡蛋一端。

用打火机点燃蜡烛。

将鸡蛋插有点燃蜡烛的那头放入瓶口压紧，然后放在桌上静置。看看会发生什么？

3

不一会儿，鸡蛋顺着瓶口滑了进去！再把瓶子倒过来，鸡蛋却怎么也掉不下来。为什么会出现这样奇怪的现象呢？

其实，这是大气压在"作怪"。燃烧的蜡烛会加热瓶中的空气，空气受热膨胀，有一部分会"跑"到瓶外。这样一来，瓶中的空气就会减少，压强也会降低，与外界的空气产生气压差。空气总会向气压低、密度小的地方流动，巨大的压力就会压着鸡蛋向瓶子里滑落。随着鸡蛋的滑落空气也进入到瓶子里，瓶子内外气压也达到了平衡，原本因气压差产生的压力也就消失了。

而鸡蛋本身就比瓶口要大，所以是不能用常规的方法把鸡蛋从瓶子里拿出来的，要想拿出来，可以将瓶子倒立，用热毛巾捂住瓶身，瓶内的压力就会将鸡蛋"挤"出。用相同的方法也可以让香蕉自己剥皮，你不妨试一试。

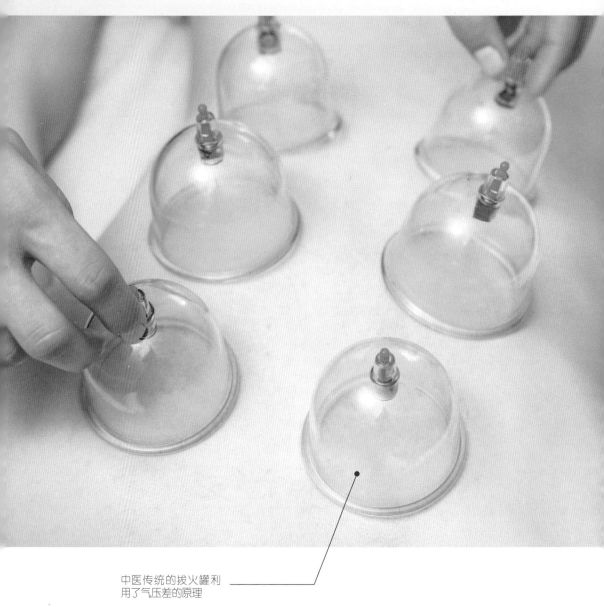

中医传统的拔火罐利
用了气压差的原理

　　在我们身边，还有许多现象也是由于大气压强的不同而产生
的。例如拔火罐，也是通过加热来降低罐子里的气压，让它紧紧
地吸在身上，从而达到驱寒除湿、理气通血、舒筋活络等疗效。
再比如挤压式钢笔吸墨水时，总是要先挤一下墨囊，把里面的空
气排出，然后墨水就被吸进墨囊里了。

莱特兄弟和飞机的发明

18 世纪之后，人们开始将气压应用到更广阔的领域，例如工业和军事等领域。而飞机的发明和问世，更是充分利用了气压与空气动力学。

飞机的发明者莱特兄弟，拍摄于 1909 年

历史上，美国的莱特兄弟被认为是飞机的发明者。在发明飞机之前，莱特兄弟俩在俄亥俄州代顿的商店里工作多年，掌握了许多机械技能，店里有印刷机、自行车、马达和其他机械。他们从事自行车方面的工作尤其影响了他们的信念。兄弟俩认为，像飞行器这样不稳定的交通工具，完全可以通过实践来控制和平衡。为了顺利实现飞行，兄弟俩进行了广泛的滑翔飞行训练，这也提高了他们操控飞行器的技能。

1903年12月17日，他们在北卡罗来纳州基蒂霍克以南6千米的地方，完成了人类第一次动力飞机的飞行。弟弟奥维尔·莱特启动发动机，这架名为"飞行者1号"的飞机开始加速前进，达到一定速度后，奥维尔松开手，这架飞机离开地面飞了起来。这架飞机飞行了12秒，飞行距离约36.5米。

莱特兄弟申请的飞机专利图

1904 到 1905 年，莱特兄弟又相继制造了"飞行者 2 号"和"飞行者 3 号"。1905 年 10 月 5 日，"飞行者 3 号"进行了一次时间最长的试飞，这次飞行在空中时间长达 30 多分钟，至少飞了 38 千米。显然，莱特兄弟的飞机已经较好地解决了平衡和操纵问题。次年，莱特兄弟在美国的飞机专利申请得到通过。

莱特兄弟正在试飞他们研制的飞机

当然，莱特兄弟设计的飞行器和我们现在的飞机有很大不同，但他们的成功尝试，开创了人类实现动力飞行的先河，人类航空事业也由此蓬勃发展起来。

飞机起飞和下降的原理

　　飞机之所以能起飞和降落，除了引擎提供强大的推动力以外，其中一个关键因素在于空气压力差。

　　当飞机开始加速滑行后，引擎为飞机高速前进提供强大的推力，空气在庞大的机翼上方会更快速地流动，而快速流动的空气比缓慢流动的空气压力更低，这就导致了机翼上方的空气压力远小于机翼下方，所以飞机就有了可以被托起上升的力。

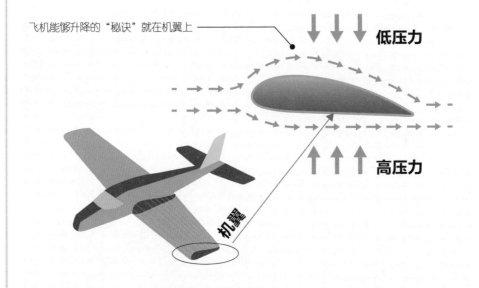

飞机能够升降的"秘诀"就在机翼上

低压力

高压力

机翼

　　所以飞机是引擎推动前进，而机翼巧妙地创造了气压的变化，推动飞机向上飞起。同样，通过调整机翼和改变机翼上下的压差，飞机也可以实现转向和下降。当然，这一系列过程远比我们描述的要复杂得多。

吸尘器是如何工作的?

随着科技水平的不断提高,各种各样的家用电器被人类发明出来,大幅提高了我们的生活质量。相信你一定不会对吸尘器感到陌生。

吸尘器应用了真空和气压的原理

吸尘器作为一种先进的清洁工具,现在基本已经进入到千家万户了。它能够将地面上的灰尘吸得一干二净,甚至有的家庭打扫床铺和墙壁也都用到它。尤其是清理家中的沙发和地毯时,吸尘器成了必备的"武器"。那么吸尘器是如何做到把细小的垃圾吸入自己的"肚子"里的呢?

原来在吸尘器的内部有一个电动抽风机。通电后,抽风机会快速旋转,吸尘器内部的空气会被抽走,这样一来吸尘器内部的空气密度就会减小,随着抽风机的快速旋转,吸尘器的内部空间几乎就是真空的状态。

　　此时吸尘器内部的气压要远远小于外部空气的气压，因此吸尘器的内外就形成了压强差。在这种压强差的作用下，被吸尘器的吸嘴"瞄准"的灰尘和杂物就会被吸进吸尘器的"肚子"里。在吸尘器中有一个滤嘴，它的作用是过滤吸尘器里的气体，将灰尘留在吸尘器里，将干净的空气排出来。将吸尘器配上不同的配件可以清理不同的地方，它可以清理地板、地毯、沙发、床单、纱窗、门窗和电视机内的灰尘等。

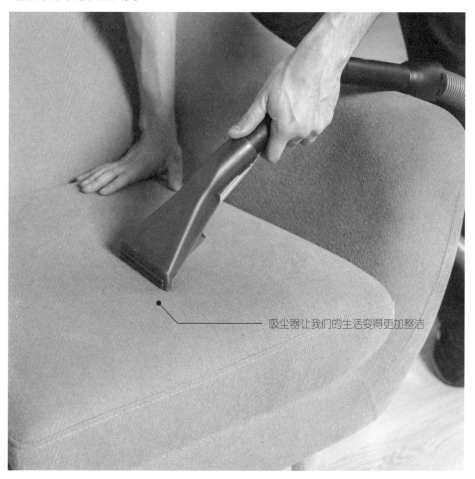

吸尘器让我们的生活变得更加整洁

　　吸尘器的发明巧妙地利用了真空和气压的基本知识，可见，把科学应用到生活中，会给人类带来很多的方便，也是我们学习科学知识的一个重要意义。

为什么高原上做饭不易熟?

生活中，你可能会觉得做饭很容易，但你可能没有想过，生活在高原地区的人做饭却并不容易，因为在高原地区，饭格外地难做熟。他们需要花费比在平原多一倍的时间来把饭做熟，而且还要用各种方法，比如需要用高压锅蒸馒头，炒菜之前要把菜先煮一煮。这是为什么呢?

不同地区做饭难度还有所不同，真奇怪啊。运用科学知识加以分析，其中的道理就不难懂了。做饭不易熟，是和不同地方的大气压有关的。气压随海拔的升高而降低，从而导致水的沸点降低。

海拔越高气压越低，饭就越不容易煮熟

在高海拔地区，空气相对比较稀薄，气压相对较低，也就是说这些地方的气压会低于标准大气压，所以水的沸点就低于 100 摄氏度。而要想煮熟食物需要较高的温度，但是水的温度达到沸点以后温度就不会再上升，所以在高山或高原上用普通锅煮饭的话不容易煮熟。

简单地说就是因为气压低，大气压强小，水的沸点低，八九十摄氏度水就沸腾了。所以饭是煮不熟的，要增加锅内压强才可以。

看来学好物理知识真是有用啊。否则，如果有一天你来到高原生活，如果不知道这些知识，可能连饭都做不熟呢。

留给你的思考题

1. 在喷水气球实验中，如果我们在塑料瓶上多打几个孔，还可以实现喷水吗？

2. 关于气压，你还能想到哪些生活中的应用？

你知道吗？

经常坐飞机的人都知道，飞机在起飞之后，需要持续攀升到万米高空，然后再平稳地向前飞行，直到接近目的地才会逐渐下降。那么，为什么飞机要先飞到这个高度呢？

这是因为距离地面一万米的高度，是属于大气层中平流层的范围，平流层中水汽和悬浮颗粒物少，能见度高，飞行员的视野开阔。另外，平流层中气流稳定、大气活动少，所以飞机飞行起来会更加平稳，乘客也会感觉更加舒适。

飞机在平流层会更加平稳